Die englischen Universitäten

Ratschläge für das Studium in England

Zwei Aufsätze

von

Prof. Dr. Karl Breul (Hon.) M. A. Litt. D.:
Die alten englischen Hochschulen

Prof. Dr. Francis E. Sandbach M. A.:
Die neuen englischen Universitäten

Herausgegeben
von der
Deutschen Akademischen Auslandsstelle
des Verbandes der Deutschen Hochschulen

Verlag Walter de Gruyter & Co., Berlin und Leipzig

Vorwort.

Das Interesse deutscher Studierender am Studium in England ist in den letzten Jahren in starkem Maße gewachsen. Die zahlreichen und umfassenden Anfragen, die täglich bei uns einlaufen, können nur durch eine ausführlichere Schrift befriedigt werden. Ein derartiger Führer zum Studium in England ist in Vorbereitung und wird in der Folge unserer Deaka-Bücher im Anschluß an das erste Heft „Das Studium in Frankreich", im Verlag Walter de Gruyter & Co., erscheinen. Bei der Vielgestaltigkeit des englischen Hochschulwesens ist es nicht möglich, diese Schrift in Kürze fertigzustellen. Darum haben wir uns entschlossen, die aus dem Verlag „Hochschule und Ausland" übernommene Schrift „Die englischen Universitäten" als Vorläufer erscheinen zu lassen.

Dieses Heft enthält zwei Aufsätze, die Prof. Dr. K. Breul in Cambridge und Prof. Dr. F. Sandbach in Birmingham ursprünglich unabhängig veröffentlicht) haben. Sie sind aus der jahrelangen Fühlungnahme mit ratsuchenden deutschen Studierenden hervorgegangen und wollen nur jene erste allgemeine Auskunft geben, die der deutsche Studierende gewöhnlich sucht, wenn er sich für das Studium in England interessiert.*

Eine vollständigere Darlegung der Werte und Wege englischer Hochschulbildung, sowie die ausführliche Beratung des Studiums Deutscher in England muß unserer nachfolgenden Schrift „Das Studium in England" vorbehalten bleiben.

Im Mai 1929.

Deutsche Akademische Auslandsstelle
des Verbandes der Deutschen Hochschulen.
Dresden-A 24, Kaitzer Straße 2.

**) Im November-Dezember-Heft 1928 der Zeitschrift „Hochschule und Ausland", bezw. im Februar-März-Heft 1929 der Minerva-Zeitschrift" (Verlag Walter de Gruyter & Co., Berlin).*

Die alten englischen Hochschulen.

(Mit einem Anhang über die neuen sowie die schottischen und irischen Universitäten.)

Von Karl Breul, (Hon.) M. A., Litt. D. (Cambridge), Dr. phil. (Berlin), Schröder Professor der deutschen Sprache und Literatur an der Universität Cambridge.

In einem Aufsatz im Heft 4/5 des Jahrgangs 1927 der Zeitschrift „Hochschule und Ausland" habe ich ausschließlich die „Studiengelegenheiten in Cambridge" behandelt*) und ich habe Grund zu glauben, daß die in ihm gegebenen Ratschläge manchen jungen Leuten vor ihrer Einreise nach England und vor der endgültigen Entscheidung über ihre Studienpläne nützlich gewesen sind. Die jetzt folgenden Ausführungen sollen in Kürze über Studiengelegenheiten an englischen Universitäten überhaupt berichten, mit einigen Bemerkungen und Ratschlägen am Schluß auch über die Verhältnisse an den Hochschulen nördlich vom Tweed und westlich von der Irischen See.

Zunächst ist nachdrücklich darauf hinzuweisen, daß in England zwei von einander völlig verschiedene Universitätssysteme bestehen und daß ein deutscher Student von vornherein sich entscheiden muß, an welcher der beiden Universitätsarten es für ihn am vorteilhaftesten sein wird, seinen Studien obzuliegen. Dabei kommen für ihn besonders die folgenden Fragen in Betracht: Wie lange Zeit kann er für die Verfolgung seiner Studien in England ansetzen? Wie lange vorher kann er sich als Student drüben anmelden? In welcher Höhe vermag er über Mittel zu verfügen, die ihm erlauben würden, an der betreffenden Hochschule sorgenfrei seinen Studien obzuliegen und sich daneben - wie er sollte! – an dem akademischen Leben seiner Kommilitonen voll zu beteiligen? Wie weit ist er selbst bereits in seinen Fachstudien vorgeschritten? Beabsichtigt er unmittelbar nach Beendigung seiner Schuljahre und sofort nach abgelegtem Abitur die ersten Semester an einer englischen Universität zuzubringen, oder aber in schon vorgeschrittenen Semestern mit größerer

*) Vergleiche jetzt auch mein Buch „Students' Life and Work in the University of Cambridge". Two Lectures. Cambridge. Bowes & Bowes. 1928 (mit sehr ausführlicher Bibliographie und Winken für auswärtige Studenten). Ebenfalls die neueste (1928) Auflage meines Buches „Land und Leute in England", Berlin-Schöneberg, Langenscheidt, das bereits vor der Einreise nach England zu Rate gezogen werden sollte. Endlich auch das oft in neuer Auflage erscheinende, vom Registrar der Universität herausgegebene und kostenfrei übersandte Büchlein: „University of Cambridge. Facilities for Study and Research". Cambridge. University Press. 1929. Daneben natürlich auch die bekannten Werke von Wendt und von Dibelius in den neuesten Auflagen.

akademischer Reife und Lebenserfahrung einige Zeit als „advanced student" oder „research student" an eine englische oder schottische Hochschule zu kommen? Will er später die hier aus dem Besuch der Laboratorien usw. gewonnenen Kenntnisse und Erfahrungen in Deutschland akademisch oder praktisch-geschäftlich verwerten, oder wünscht er weniger eine wissenschaftliche Ausbeute mit heimzubringen als eine gute Kenntnis der englischen Sprache, englischen Denkart und des engliscchen Lebens in den besseren Gesellschaftskreisen? Beabsichtigt er etwa, später in den deutschen diplomatischen Dienst oder in den Konsulardienst einzutreten, hat er vielleicht in England schon gute Verbindungen angeknüpft, besitzt er Gewandheit im gesellschaftlichen Benehmen und bereits eine gewisse Vertrautheit mit den feinen Formen der diplomatischen Welt? Ist er in erster Linie wissenschaftlich veranlagt und interessiert, oder ist er mehr ein sportliebender junger Mann mit vorwiegend praktischem Interesse? Von der vorläufigen Beantwortung dieser und ähnlicher Fragen muß es in erster Linie abhängen, für den Besuch welcher Hochschule er sich entscheiden und welche Universität ihm voraussichtlich am sichersten das von ihm Gesuchte bieten wird.

Fast ausnahmslos haben bisher junge Deutsche angenommen, daß für sie ein Besuch von Cambridge oder Oxford die einzig in Betracht kommende Lösung dieser Frage sei. Und meist fügen sie hinzu, daß sie gern „auf ein Sommersemester" herüber kommen möchten. Darauf ist zu erwidern, daß in vielen Fällen der Besuch einer der beiden alten Universitäten keineswegs rätlich ist, und daß junge deutsche Studenten weit besser daran tun würden, entweder in London oder an einer der großen Universitäten der Midlands, Nordenglands, oder sogar Schottlands, ihre Studien zu betreiben, vielleicht auch an einem schöngelegenen University College, wie Exeter oder Bangor. Nur in gewissen Fällen, und für Studenten besonderer Art und mit ganz besonderen Zielen, ist ein Besuch von Cambridge oder Oxford rätlich. Und niemand, der nicht in der Lage ist, sich l a n g e vorher zu entscheiden und anzumelden und mindestens ein volles akademisches Jahr (von Anfang Oktober bis Ende Juni) zu bleiben, der nicht ein einigermaßen gewandtes Benehmen besitzt, dabei pekuniär nicht allzu beschränkt ist und die englische Sprache nicht bereits einigermaßen beherrscht, sollte daran denken, als deutscher Student an den Cam oder an die Isis zu kommen. Und dann im allgemeinen besser am Ende als am Anfang seines akademischen Studiums. Angehende Diplomaten, Konsuln, Abgeordnete, oder sorgfältig gewählte Austauschstudenten, werden allerdings ihre in Cambridge oder Oxford verlebten Trimester ohne Zweifel von höchstem Nutzen finden. Wir haben in den letzten Jahren an beiden alten Universitäten bereits wieder, wenn auch freilich nicht mehr als „Rhodes Scholars" (in Oxford), die Söhne bekannter deutscher Diplomaten und Parlamentarier, auch einiger Großindustriellen, gehabt, feine, wohlhabende junge Leute mit guten Manieren, die aus ihrem täglichen ungezwungenen Verkehr mit der englischen Jugend den größten Vorteil gezogen haben. Es muß aber nochmals betont werden, daß für viele deutsche Studenten aus andern Lebenskreisen und mit anderen Zielen der Besuch einer der jüngeren Universitäten oder eines University College weitaus geeigneter sein dürfte. Auch ist die beliebte und in zahlreichen Anfragen aus deutsch sprechenden Ländern stets wiederkehrende Formel „das Sommersemester" eine Quelle vielfacher Mißverständnisse: Es gibt in England kein „Sommersemester". Ein deutsches Sommersemester dauert bekanntlich etwa 13 Wochen, der englische Term aber nur etwa 8, die noch dazu teilweise von den großen jährlichen Abschlußprüfungen ausgefüllt werden, bei denen niemand hier Zeit und Lust hat, neue Bekanntschaften mit jungen Ausländern zu knüpfen und zu pflegen, und an denen viele Universitätsvorlesungen nur kurze Abschlüsse von im Oktober begonnenen Kursen sind. Das englische Schuljahr mit seinen großen Abschlußprüfungen schließt Ende Juli, und das englische akademische Jahr beginnt im Oktober*), während das deutsche Schuljahr meist Ostern zu Ende kommt und daher das Sommersemester für die meisten jungen Deutschen den schönen Anfang ihres akademischen Lebens bedeutet. Auch fällt außerdem stark ins Gewicht, daß in England ein Wechsel der zuerst bezogenen Universität für gewöhnliche Studenten nicht in Betracht kommt und alle Bekanntschaften im Oktober geschlossen werden. Nur „advanced students" oder „research students", die an ihrer ersten Universität bereits den Grad eines B. A. errungen haben, besuchen gelegentlich noch eine zweite Universität, entweder in England oder im Auslande. Die deutsche akademische Freizügigkeit ist an großbritannischen Hochschulen praktisch nicht vorhanden.

Die alten Universitäten**).

Obwohl Cambridge und Oxford in zahllosen, dem Eingeweihten geläufigen, von Fremden aber meist unbemerkten Einzelheiten voneinander abweichen, stimmen sie doch in den Hauptpunkten miteinander überein und stehen in ihnen den jüngeren Hochschulen aus dem neunzehnten und zwanzigsten Jahrhundert eigenartig gegenüber. Sie sind eben, mit allen andern verglichen, beide von derselben eigenartigen Grundfarbe – blau –, nur ist die eine eben hell-, die andere dunkelblau. Das meiste des von mir in meinem früheren Aufsatze über Cambridge Gesagte gilt daher auch, mutatis mutandis, durchaus von der älteren dunkelblauen Schwester an der Isis. Vor allem das College-System, die sorgsame Überwachung der jungen Leute „in statu pupillari", ihre regelmäßige Beratung in allen Studien durch „Tutors" („in loco parentis") und „Directors of Studies", die kurzen zweimonatigen „Terms"***), in denen neben Vor-

*) Aus demselben Grunde sollten anglistische Kollegen englische Lektoren für deutsche Hochschulen im Mai, kurz vor den englischen Abschlußprüfungen, für das folgende Wintersemester, nicht aber im Herbst für das folgende Sommersemester, zu gewinnen suchen.

**) Vergl. meinen Artikel aus Heft 4/5, Jahrgang 1927, mit vielen Einzelheiten über die Studiengelegenheiten in Cambridge, sowie die Anmerkung auf S. 5.

***) Die „terms" sind auf dem Papier länger als in Wirklichkeit. In den ersten und letzten Tagen des offiziellen „term" finden weder Vorlesungen noch sportliche Veranstaltungen statt. Diese beginnen erst mit dem „Full

lesungen und Privatarbeiten mit „Supervisors“ auch das sportliche und gesellschaftliche Leben einen wesentlichen Teil der Zeit und des Interesses des Studenten in Anspruch nimmt. Schon das ziemlich weiche und etwas erschlaffende Klima der beiden niedrig gelegenen südenglischen Universitäten verlangt von den jungen wie von den älteren Akademikern als Gegengewicht zu ihrer geistigen Arbeit täglich regelmäßige körperliche Betätigung. Das Klima in Nordengland oder in Edinburgh oder gar Aberdeen ist weit anregender und erfrischender und daher für vielstündige intensive Arbeit an sich ungleich günstiger.

Fast alle deutschen Väter wünschen – in fast jede Woche bei uns eintreffenden Briefen –. daß ihre Söhne „ein Sommersemester“ hier studieren und in einem der altehrwürdigen Colleges „recht nette Zimmer“ erhalten möchten. Dieser Wunsch war schon in der letzten Zeit vor dem Kriege schwer zu erfüllen, ist aber heute völlig unausführbar. Nicht etwa aus irgendwelcher Abneigung gegen deutsche Studenten; im Gegenteil: sie waren und sind auch jetzt wieder hier gern gesehene Gäste; sondern weil in den Jahren nach dem Kriege alle Colleges an beiden alten Universitäten von jungen Männern (und Mädchen) aus allen, nicht nur, wie früher, den besten Schulen des Landes äußerst stark in Anspruch genommen und überreichlich besetzt sind, so daß sie jetzt bereits viele Söhne und Töchter des eigenen Landes zurückweisen oder zeitweilig zurückstellen müssen. Also auch Franzosen, Italiener, Skandinavier, sowie Amerikaner, Australier oder Inder müssen jetzt oft abgewiesen werden, weil begreiflicherweise die Colleges über eine festgesetzte und durch die Raumverhältnisse ihrer Speisesäle („halls“) bedingte Höchstzahl ihrer Mitglieder nicht hinausgehen können. Andrerseits aber haben fast alle College-Behörden den Wunsch – schon im wohlverstandenen Interesse ihrer Studenten englischer Herkunft – einige geeignete Ausländer, und nicht zuletzt geeignete junge Deutsche, als Mitglieder aufzunehmen. Aber drei Dinge sind dafür auf Seiten der Deutschen unerläßlich. Erstens der Entschluß, mindestens ein volles akademisches Jahr, d. h. von Anfang Oktober bis gegen Ende Juni, dem College anzugehören, also wenigstens 3 Trimester und nicht nur den nicht einmal ganz zwei Monate füllenden „May term”. In den Colleges ist alles von vornherein auf ein volles akademisches Jahr eingestellt, und kein „Tutor” oder „Bursar” würde sich darauf einlassen können, einen jungen Ausländer nur auf 2 Monate aufzunehmen. Zweitens muß der Aspirant seinen Wunsch, einem College im Oktober auf mindestens ein Jahr beizutreten, spätestens schon im Mai des vorhergehenden Jahres (also im Mai 1929 für Oktober 1930, noch besser und sicherer aber bereits im Mai 1929 für Oktober 1931) dem „Senior Tutor” des von ihm gewünschten College schriftlich vortragen, weil bereits dann in den Colleges die Vorbereitungen für das nächste wie das übernächste

term”, d. h.. der Zeit, zu welcher alle Studenten in der Universität anwesend sein müssen, was von den Colleges stets sehr sorgfältig kontrolliert wird. Die meisten älteren Studenten kommen erst am Tage vor dem Beginn des „Full term” auf die Universität zurück („come up”, wie man hier sagt).

akademische Jahr getroffen werden müssen. Und endlich – der schöne Wunsch, Zimmer im College selbst zu bekommen, ist heutzutage fast in allen Fällen durchaus unerfüllbar. Nur Studenten, welche die vollen drei Jahre in Cambridge oder Oxford zubringen können, erhalten auf ein oder zwei Jahre Zimmer im College selbst angewiesen, leben aber die übrige Zeit in von der Universität amtlich überwachten und empfohlenen und meist auch durchaus empfehlenswerten Privatwohnungen, den sogenanntnn „licensed lodgings". Nur sehr selten, bei einer unerwartet eintretenden Vakanz, gelingt es einmal, einem jungen ausländischen Studenten auf kurze Zeit Zimmer im College selbst anzuweisen – aber zu rechnen ist darauf niemals! In den „licensed lodgings", meist nicht sehr großen Privathäusern, haben nun aber fast immer noch ein oder zwei andere Kommilitonen, oft von demselben College, je ein Wohn- und ein Schlafzimmer, so daß an frisch-fröhlichem jugendlichen Verkehr selten Mangel ist. Das Dinner am Abend nehmen die Studenten im großen Speisesaal ihrer Colleges gemeinsam ein, wobei die verschiedenen Jahrgänge meist gesondert an verschiedenen langen Tischen sitzen. In einigen Colleges ist es jetzt auch möglich, das Luncheon zwischen 1 und 2 Uhr im Speisesaal, manchmal sogar in zwanglosem Zusammensitzen mit den „Dons", den älteren, graduierten Mitgliedern, einzunehmen. Das Frühstück dagegen verzehren sie entweder allein oder gelegentlich mit einem Freunde; auch trinken sie den Nachmittagstee allein, oft aber in gemütlicher Gesellschaft, in ihrem Zimmer. Zeitungen und ungezwungenen Verkehr mit allen jüngeren College-Genossen finden sie jederzeit im „Junior Common Room" ihres College, oder in der „Union Society", den großen und vorzüglichen Lese- und Debattierklubs der beiden alten Universitäten, denen deutsche Hochschulen bisher leider nichts Gleichwertiges an die Seite stellen können und denen jeder ausländische Student unbedingt beitreten sollte, ganz besonders aber jeder künftige Politiker, Konsul oder Geschäftsmann. So ist im Grunde für jeden ausländischen Studenten, wenn er Mitglied der Universität und eines College geworden ist, aufs beste gesorgt, und er kann angenehmen und wertvollen Verkehr mit seinen englischen Kommilitonen haben, so viel er will, auch wenn er nicht im College selbst wohnt. Es kommt eben nur darauf an, was er aus den ihm sich bietenden Gelegenheiten zu machen versteht. Ferner kann er, falls er in keinem College Aufnahme zu finden vermag – was aber immer zunächst einmal versucht werden sollte –, sich als „Non-Collegiate Student" immatrikulieren lassen. In Cambridge würde er in diesem Falle ein Mitglied von „Fitzwilliam House" werden, das einem „Censor" untersteht und auch gemeinsames geselliges Leben wissenschaftlicher und sportlicher Art pflegt und gemeinsame Abendmahlzeiten im Speisesaal hat. Manche mir bekannte deutsche Studenten haben sich als Mitglieder des „Fitzwilliam House" durchaus zufrieden gefühlt, obwohl naturgemäß ihr Bekanntenkreis zunächst ein beschränkter ist. Aber auch hier ist zeitige Anmeldung, am besten mindestens ein Jahr im voraus, vonnöten. Sie ist für Cambridge zu richten an „The Censor. Fitzwilliam House. Cambridge. England", für Oxford an „The Censor of Non-Collegiate Students. Oxford". Meist wird, außer dem Nachweis wissenschaftlicher Befähigung eine auf persönlicher Bekanntschaft beruhende Empfehlung durch ein Mitglied der Universität oder durch den stets hilfsbereiten Direktor der „Deutsch-Englischen Akademischen Vermittlungsstelle" in London*) verlangt.

Die Kosten eines etwa halbjährigen Aufenthalts (von Anfang Oktober bis Ende Juni) mit Ausschluß der hier je 4–5 wöchigen Weihnachts- und Osterferien, sind natürlich für verschiedene Studenten verschieden. Wenn aber ein nicht eben verschwenderischer junger Mann sich – wie er es durchaus tun sollte! – nicht nur an Vorlesungen und Übungen in den Seminaren und Laboratorien beteiligen, sondern auch an dem sportlichen und geselligen Leben seiner englischen Kommilitonen teilnehmen und auf diese Weise aus seinem Aufenthalt in Cambridge oder Oxford vollen Nutzen ziehen will, so muß er unbedingt auf einen Wechsel von an die £ 300 (= 6000 RM) rechnen können, worin die Weihnachts- und Osterferien, sowie die drei Monate langen großen Ferien, noch nicht eingerechnet sind, ebenso nicht seine Garderobe, Wäsche und die mehrfachen Reisen zu und von der Universität, was alles wohl mindestens weitere £ 100 (= 2000 RM) kosten dürfte. Der, welchem diese Summen unerschwinglich sind, verzichte daher lieber von vornherein auf Studienaufenthalt an einer der beiden alten, fashionablen Universitäten. Er wird in ihnen, wie ich aus langjähriger Erfahrung weiß, freundlich und kameradschaftlich aufgenommen, zu allem gern zugelassen und oft eingeladen – aber er muß dann auch die ihm bereitwillig gebotene Gastlichkeit und Kameradschaft wenigstens bis zu einem gewissen Grade erwidern wollen und erwidern können, er muß nicht nur von den Dozenten in Vorlesungen und Übungen lernen, sondern mindestens ebenso viel in ungezwungenem täglichen Verkehr mit den Kommilitonen. Nur so wird er imstande sein, englisches Leben, Fühlen und Denken nach und nach richtig zu verstehen, um diese Erfahrungen dann später für sein eignes Leben und sein Volk fruchtbar zu machen. Ein Bücherwurm und Eigenbrötler würde den Reiz und Lebensgewinn eines Studienaufenthalts in Cambridge oder Oxford fraglos verlieren. Für ihn bleibt der Lesesaal des Britischen Museums**) der rechte und geradezu ideale Ort, in dessen heiliger Rotunde er sich jederzeit vollkommen zufrieden fühlen wird.

Die Bedingungen für unmittelbare Immatrikulation in Cambridge und Oxford ohne jede weitere Prüfung sind, im Falle der junge Mann noch keine Exmatrikel von einer deutschen Hochschule besitzt, außer einem befriedigenden Sittenzeugnis die Bescheinigung der erfolgreichen Ablegung der Reifeprüfung an einem deutschen Gymnasium oder Realgymnasium. Eine genügende Kenntnis der lateinischen Sprache ist an beiden alten Universitäten für die Auf-

---

*) Deutsch-Englische Akademische Vermittlungsstelle (Anglo-German Academic Bureau), 58 Gordon Square, London, W. C. 1 (nicht mehr 51 Russel Square!). In den wenigen Jahren ihres Bestehens hat sie bereits nach vielen Richtungen eine sehr fruchtbare Tätigkeit entfaltet.

**) Vergl. „Land und Leute in England"(1928), Seiten 108—110.

nahme unerläßlich. Über die Einzelheiten sind die gedruckten Vorschriften von dem Registrar der gewählten Universität zu beziehen und vor der endgültigen Anmeldung sorgfältig zu studieren. Anschrift: „The Registrar Cambridge (oder Oxford). England." Ein außerordentlich zuverlässiges und nützliches Büchlein über die Verhältnisse in Cambridge ist das bereits auf S. 5 erwähnte Heft über „Facilities for Study and Research". Über Oxford gibt es ein sehr ähnliches Büchlein: „University of Oxford. Facilities for Advanced Study and Research" (letzte Auflage: April 1928), und daneben ein Heft: „University of Oxford. General Information concerning Admission, Residence, Entrance Scholarships, and the Examinations leading to the Degree of Bachelor of Arts, etc.". Beide im Verlage der Clarendon Press, der Universitätsdruckerei, erschienen. In London bereits anwesende Deutsche mögen sich vor ihrer endgültigen Entscheidung zunächst an die oben erwähnte „Akademische Vermittlungsstelle" um Auskunft und Rat wenden.

Deutsche Studenten und Lehrer, Studentinnen und Lehrerinnen beteiligen sich letzthin auch wieder in zunehmender Anzahl an den vorzüglichen Ferien-Kursen, die alljährlich im August am Cam wie an der Isis in erster Linie für die englischen sogenannten „extramural students" (ein Arbeiter nannte sie kürzlich ganz harmlos „extra-moral students") gehalten, zu denen aber auch Ausländer gern zugelassen werden. Früher nannte man diese Volkshochschulkurse meist „University Extension Courses". Diese großen, vielbesuchten Kurse werden in Cambridge stets in den Jahren mit geraden Zahlen (1928, 30, 32 usw.), in Oxford dagegen in denen mit ungeraden Zahlen (1929, 31, 33 usw.) gehalten. Ausschließlich für die Bedürfnisse der Ausländer bestimmte Kurse zur Einführung in den bequemen Gebrauch der englischen Umgangssprache mit phonetischen Übungen, zur Erklärung des neueren und neuesten englischen Schrifttums, sowie der wichtigsten politischen, gesellschaftlichen und erziehlichen Einrichtungen des Landes, werden an den beiden alten Universitäten in den Jahren gehalten, in denen die Schwesteruniversität die besonders für englische Hörer bestimmten Hauptkurse veranstaltet. Also in Cambridge findet im Jahre 1929 nur ein ausschließlich auf die Bedürfnisse der Englisch studierenden Ausländer berechneter Kursus statt. Rechtzeitige Anmeldung zu diesen Kursen ist unerläßlich, weil mit gutem Grunde von jedem fremden Lande nur eine fest bestimmte Zahl von Studenten zur Teilnahme zugelassen wird und von allen Ländern der Welt Deutschland immer weitaus die meisten Teilnehmer zu diesen Kursen sendet, auch wieder jetzt nach dem Weltkriege. Um Auskunft wende man sich für Cambridge an G. F. Hickson, M. A., Stuart House, Mill Lane, Cambridge, England; für Oxford an: The Rev, F. E. Hutchinson, M. A., Rewley House, Wellington Street, Oxford. Beide Sekretäre ihres „Board of Extra-Mural Studies" verschicken eine auszufüllende „Application Form" und das Programm ihrer Kurse, vermitteln auch nach Möglichkeit Familienunterkunft für die Teilnehmer.

Ein schwer zu vermeidender Übelstand dieser sonst so vortrefflichen Ferienkurse für ausländische, besonders aber für deutsche,

Teilnehmer ist der folgende. Abgesehen von einigen in den Laboratorien arbeitenden naturwissenschaftlichen englischen Studenten, sowie manchen Ingenieuren und Elektrotechnikern, sind alle gewöhnlichen Studenten und Studentinnen, im Term jetzt zwischen 4000 und 5000 frischer junger Männer und Mädchen, im Hochsommer (Juli, August, September), nicht auf der Universität anwesend; die sonst so lebensvollen Colleges stehen leer, die Spielplätze sind verlassen, alles liegt in tiefster Ferienstille, und die deutschen Anglisten und Historiker finden keine englischen Fachgenossen, mit denen sie verkehren könnten. Die jungen englischen Germanisten – ihre nächsten geistigen Verwandten – sind meistens in deutschsprechenden Ländern, wo sie deutsches Leben und Wesen an der Quelle studieren. Dagegen werden dann in einigen der leerstehenden Colleges im August eine große Menge deutscher Teilnehmer zusammen untergebracht, die natürlich bei den gemeinsamen Mahlzeiten und auf den Wegen zu und von den Vorlesungen täglich miteinander zusammen sind und miteinander – Deutsch sprechen. In den verhältnismäßig kleinen Städten Cambridge und Oxford gibt es fast keine gebildeten Familien, die bereit wären, auf einige Ferienwochen junge deutsche Männer und Mädchen als zahlende Gäste bei sich aufzunehmen, und es ist daher am Cam wie an der Isis ungleich schwieriger als z. B. in den großen Städten London, Birmingham, Liverpool, Manchester u. a. für deutsche Lehrer und Studenten in feinen, anregenden Familien geeignete Unterkunft zu finden. Aus diesem Grunde haben schon manche Teilnehmer an den Ferienkursen an einer der beiden alten Universitäten, besonders dann, wenn sie sich nicht sehr zeitig angemeldet und Unterkunft in einer gebildeten und für ihre Zwecke Verständnis besitzenden Familie gefunden haben, von ihrem Aufenthalt nicht den vollen Vorteil haben können.

* * *

Die jüngeren und jüngsten englischen Hochschulen. (Universities – University Colleges.)

Im folgenden können nur einige Punkte allgemeiner Natur, welche für deutsche Studenten und Lehrer in erster Linie in Betracht kommen, in Kürze hervorgehoben werden. In Südengland, zu dem ja auch die beiden alten Universitäten Cambridge und Oxford gehören, lockt vor allem die große Universität London mit ihren zahlreichen wichtigen Colleges und Schools, von denen für Deutsche das University College (Gower Street) und King's College (Strand), sowie das große Frauencollege Bedford College (Regent's Park) in erster Linie in Betracht kommen. Außerdem, in unmittelbarer Nähe von London, die neue Universität Reading (halbwegs auf dem Wege nach Oxford), und im Südwesten die University Colleges von Southampton und Exeter. In den Midlands liegen die Universitäten Birmingham, und Bristol, sowie die University Colleges in Nottingham und Hull (1928 gegründet;) in Nordengland die Universitäten Sheffield, Liverpool, Manchester, Leeds, Durham, und das zu letzterer gehörige Armstrong College in Newcastle-upon-Tyne.

Genauere Auskunft über die einzelnen Universitäten, Technischen Hochschulen und die noch nicht zu selbständigen Hochschulen entwickelten University Colleges ist in verschiedenen deutschen und englischen Werken größeren Ausmaßes zu finden*).

Allen jüngeren englischen Hochschulen gemeinsam gegenüber Cambridge und Oxford sind besonders die folgenden Punkte: 1. Das Fehlen der Colleges und des durch das enge kameradschaftliche Zusammenleben in ihnen und die Anleitung und Überwachung durch „Tutors" und „Directors of Studies" bedingten engeren Anschlusses, sowie das Fehlen jeder organisierten Arbeitsgemeinschaft zwischen einzelnen graduates und undergraduates. Freilich haben die meisten der jüngeren Hochschulen jetzt auch einige „Residential Halls" für Studenten, und besonders für Studentinnen, eingerichtet. 2. Die den deutschen Verhältnissen ähnliche große Ungebundenheit und akademische Freiheit in Wohnungswahl, Verkehr, Studienplan und Verfolgung besonderer Ziele, soweit deutsche Studenten sich nicht auch aus irgendeinem Grunde dem Zwang einer vorgeschriebenen Prüfung fügen müssen. Das wird jedoch nur in den seltensten Fällen vorkommen. 3. Die längeren Trimester (terms) im Winter und die dadurch ermöglichte längere Studienzeit innerhalb eines akademischen Jahres. 4. Die an den jüngeren Anstalten bestehende Möglichkeit, auswärtige Studenten auch für nur ein oder zwei Trimester zuzulassen, was, wie oben gezeigt, für Cambridge und Oxford nicht tunlich ist. 5. Die verhältnismäßig weit geringeren Kosten des Aufenthaltes und Studiums. 6. Die größere Möglichkeit, in netten Familien Unterkunft zu finden, was in den kleineren Städten Cambridge und Oxford nur schwer möglich ist. Aus allen diesen Gründen eignen sich manche der jüngeren Universitäten und University Colleges für die meisten deutschen Studierenden im Grunde weit besser als die alten, fashionablen Cambridge oder Oxford. Auch sind für

---

*) Zunächst in der allwissenden deutschen „Minerva", Berlin und Leipzig, Walter de Gruyter u. Co.; sowie in dem englischen ausführlichen Buche „The Yearbook of the Universities of the Empire" (London, G. Bell & Sons). Ganz knapp auch in dem alljährlich erscheinenden praktischen und zuverlässigen „Whitaker's Almanack". Viele nützliche Angaben enthält besonders das bekannte ausführliche Werk von W. Dibelius: England. Deutsche Verlagsanstalt. 1923, von dem eben (1929) bereits die fünfte, stark umgearbeitete Auflage, erschienen ist und vom dem eine Übertragung ins Englische sich in Vorbereitung befindet. Nützliche Winke für deutsche Besucher Englands geben Adolf Reusch: Studienaufenthalt in England. Marburg ²1910 (Adressen im „Nachtrag" dazu: Marburg, 1927), und Walter Wüllenweber: Ratgeber für Reisende nach England, Frankreich, Spanien und der Schweiz. Berlin. ²1927. Ein knappes Handbuch über sämtliche Universitäten, Technischen Hochschulen und sonstigen Bildungsanstalten Großbritanniens für ausländische Studierende, mit zuverlässigen Angaben über Einreisebedingungen, Studiengelegenheiten, Lebensverhältnisse an den verschiedenen Anstalten (mit genauer Angabe der englischen technischen Ausdrücke), Kosten des Studiums, Ferienkurse, Ausflugsmöglichkeiten, Bibliotheken, Gelegenheiten zu Verkehr mit englischen Studenten und Familien, usw. würde eine willkommene Bereicherung der deutschen erziehlichen Literatur sein und wird hoffentlich bald einmal von einem Kenner hiesiger Verhältnisse in Angriff genommen werden.

einige naturwissenschaftliche und andere Fächer gewisse moderne englische Hochschulen ganz besonders gut geeignet. Hochschulen, die oft mit der besonderen Industrie oder den Handelsinteressen ihrer Umgebung in engster Verbindung stehen (z. B. Chemie in Leeds, Technik in Birmingham, oder auch die bedeutende „School of Economics" in London usw.). Einige der jüngeren und kleineren Hochschulen, landschaftlich oft entzückend gelegen, wie z. B. Exeter in Devonshire, an der Schwelle von Cornwall, sind augenblicklich besonders darauf bedacht, deutsche Studenten anzuziehen und ihnen in jeder Weise die Wege zu ebnen, sowohl in Studien wie auch in Vermittlung von angenehmem Familienanschluß*). Man wende sich in erster Linie immer an den Registrar der betreffenden Hochschule.

In **London** gibt es natürlich außerordentlich viel, das junge deutsche Studenten reizen kann und eben nur in der Hauptstadt zu finden ist. Neben der riesenhaften, reichen, nach allen Richtungen unerschöpfliche Anregungen bietenden Stadt die große akademische Freiheit, in alles hineinzutauchen, das überall stark pulsierende politische und soziale Leben zu studieren, die in den großen Zeitungen und in zahlreichen öffentlichen Versammlungen täglich eingehend und kenntnisreich erörterten Lebensfragen Englands und seines Weltreichs kennen und verstehen zu lernen; dazu die herrlichen und nicht allzu teuern Ausflüge nach allen Richtungen, die Gelegenheit, in netten Familien oder in guten Boarding-houses anregende Unterkunft zu finden, die reichen Büchereien und die leichte Bücherbenutzung und -beschaffung – alles das ist für unternehmende Studenten eine begreifliche Lockung, sich in erster Linie an dieser so reich ausgestatteten und so Vieles bietenden Hochschule immatrikulieren zu lassen**. Die andern großen Universitäten Englands, sowie die kleineren University Colleges, von deutschen Studenten bisher nur selten besucht, bieten alle gewisse Vorteile, die im voraus für jeden einzelnen Fall sorgfältig zu erwägen sind. Ich kann an dieser Stelle auf sie nicht im Einzelnen eingehen, ebensowenig wie auf die vorzüglich angelegten und geleiteten Ferienkurse und phonetischen Kurse der Londoner Universität. Man vergleiche über dies alles die verschiedenen amtlich veröffentlichten Kalender. Auskunft erteilen außer dem Leiter der Deutsch-Englischen Akademischen Auskunftsstelle auch die Registrare der einzelnen Anstalten sowie, in besonderen Fällen, wohl auch die Professoren des Deutschen an den verschiedenen Anstalten. Für die Londoner Ferienkurse wende man sich um Auskunft an John Lea, MA., University Extension Registrar, University of London. Alle Anfragen an Universitätsbeamte sollten möglichst zeitig im Jahre, am besten zu Anfang März, v o r den Osterferien, ausgeschickt werden!

---

*) Nähere Auskünfte über alle diese Punkte sind oft erhältlich vom Leiter der Deutsch-Englischen Akademischen Vermittlungsstelle.

**) Mein Buch „Land und Leute in England" wird jungen Deutschen oft, besonders im Anfange, guten Rat und bequeme erste Auskunft über Londoner Verhältnisse geben. Vgl. S. 5 Anm.

Die nicht-englischen Universitäten.

Die Universität Wales besteht aus den 4 University Colleges in Bangor – Aberystwyth – Cardiff – und Swansea. Für deutsche Studenten dürfte indessen ihr Besuch wohl nur in Ausnahmefällen in Frage kommen. Bangor und Aberystwyth sind besonders schön gelegen, vor allem das nördliche Bangor, in unmittelbarer Nähe der höchsten Berge von Wales, der gewaltigen Snowdon-Gruppe („Snowdonia"), von wo aus in kürzester Zeit die herrlichsten Ausflüge in die Berge und an die sie umspülende blaue See unternommen werden können. Die Waliser sind lebhafte, fröhliche und sangesfrohe Menschen, und einige in einer feinen Waliser Familie verlebte Sommermonate würden manchen deutschen Studenten oder Lehrern körperlich und geistig vermutlich besser bekommen und ihre Kenntnis der englischen Sprache nicht weniger fördern, als ein Aufenthalt in großen Städten des Nordens, wie Manchester oder Liverpool.

Schottland*. Nicht oft werden deutsche Studenten eine schottische Hochschule als zeitweilige alma mater wählen. Abgesehen davon aber ist besonders zugunsten Edinburghs anzuführen, daß die Hügelstadt eine der schönsten der Welt ist, von Deutschland zu Schiff (von Hamburg nach Leith, der Vorstadt von Edinburgh) leicht zu erreichen, daß die Universität und die Bibliotheken vorzüglich, die Kosten vielleicht etwas geringer sind und die den Studien gewidmete Zeit in jedem Jahre etwas länger als an den englischen Hochschulen, besonders den beiden alten. Die schönsten Ausflüge in das schottische Hochland lassen sich von Edinburgh unschwer machen, aber auch von Glasgow im Westen und von der schimmernden Granitstadt Aberdeen im Norden. St. Andrew's dagegen und Dundee dürften für deutsche Studenten wohl kaum ernstlich in Betracht kommen. Sich an einem der Ferienkurse in Edinburgh zu beteiligen, kann deutschen Lehrern und Lehrerinnen dringend empfohlen werden. Neben den Vorlesungen und dem herzlichen Verkehr mit arbeitsfrohen schottischen Kollegen werden die Ausflüge nach Stirling, Loch Katrine, Loch Lomond, Roslin Chapel, und in das Reich Sir Walter Scotts (Melrose, Abbotsford und Dryburgh Abbey) ihnen unvergeßliche und für ihren Schulunterricht höchst wertvolle Eindrücke und Erinnerungen vermitteln.

Irland. Bei den irischen Hochschulen ist zunächst streng zu unterscheiden zwischen der im protestantischen nordöstlichen Ulster gelegenen vorzüglichen Universität Belfast (The Queen's University of Belfast) sowie dem alten, eigenartigen, protestantischen, stark an die Colleges in Cambridge und Oxford erinnernden Trinity College in Dublin einerseits, und der katholischen „National University" (früher „Royal University") mit ihren vier University Colleges in Dublin, Maynooth (nicht weit von Dublin), Cork im Südosten und Galway im Westen der grünen Insel. Von diesen dürften die drei letztgenannten für deutsche Studenten weniger in Frage kommen,

*) Über die schottischen Hochschulen gibt vielseitige und zuverlässige Auskunft Professor Dr. Otto Schlapp (in Edinburgh) in der Minerva-Zeitschrift IV (1928), Heft 4, Seiten 73–79.

Dublin und Belfast wären besonders für solche fortgeschrittenen Studenten oder Gelehrte zu empfehlen, die sich gern einmal an der Quelle mit irischer Sprache, Literatur und Geschichte, sowie irischen Handschriften beschäftigen, also das herrlich gelegene Dublin mehr des Irischen als des Englischen wegen besuchen möchten. Auskunft über irische Verhältnisse und Studienmöglichkeiten in Dublin ist zu erhalten durch Anfrage bei dem liebenswürdigen Generalkonsul, Herrn von Dehn (das deutsche Generalkonsulat befindet sich in 58 Northumberland Road); außerdem für Trinity College vom Registrar W. Kennedy. MA., und für das University College der National University vom Registrar F. Wiber, LL. D.

In Irland sind augenblicklich viele deutsche Ingenieure ansässig wegen der großartigen durch deutsche Techniker in die Wege geleiteten elektrischen Ausnutzung des Shannon, des größten irischen Flusses. Das Studium der deutschen Sprache ist dagegen leider in den letzten Jahren, besonders in Süd- und West-Irland, erheblich zurückgegangen. Dies aber nicht etwa infolge irgendwelcher Abneigung gegen Deutschland und deutsche Besucher, sondern aus der augenblicklichen starken, ja überstarken, Begeisterung für Wiederbelebung und Aufzüchtung der bereits fast völlig außer Gebrauch gekommenen irischen Sprache. Die jetzt von allen Seiten von den eifrigen Beamten des jungen Freistaats geforderte und geförderte irische Sprache läßt zur Pflege des Deutschen in Schulen und Hochschulen neben dem immer zuerst getriebenen Französisch und dem von den Universitäten noch geforderten Latein weder Zeit noch Geld übrig. Dies ist ein erst seit kurzem aufgetauchtes schweres erziehliches Problem, das aufgeklärten und weiterschauenden irischen Patrioten und Pädagogen augenblicklich mit Recht viel Kopfzerbrechen verursacht. Deutsche Studenten und Lehrer aber, die vielleicht einmal einen der letzthin auch in Dublin (auf Irisch: Bail atha Cliath) eingerichteten Ferienkurse besuchten, dürften von dieser wichtigen Frage kaum etwas bemerkt haben. Vermutlich werden nie viele irische Knaben und Mädchen Deutsch lernen können, aber den begabtesten unter ihnen, den künftigen geistigen Führern des jungen zweisprachigen Freistaats, sollte in Zukunft jede Gelegenheit geboten werden, Deutsch lesen und verstehen zu lernen. Diese Erkenntnis scheint sich jetzt auch Bahn zu brechen.

Zuverlässige Auskunft über alle britischen Hochschulen ist erhältlich durch persönliche oder schriftliche Anfrage bei dem Sekretär des „Universities Bureau of the British Empire“, 50 Russell Square, London WC. 1. Dies Bureau gibt auch das oben bereits erwähnte nützliche Werk „The Yearbook of the Universities of the Empire“ heraus (London, G. Bell & Sons, Ltd.). Bei allen Anfragen an Sekretäre der Universitäten und University Colleges oder an vielbeschäftigte Professoren versäume man nie, außer einem starken mit genauer Anschrift des Fragestellers versehenen Briefumschlag zwei der jetzt auf jedem deutschen Postamt erhältlichen Antwortscheine für das Ausland (Coupon-réponse international, je 35 Pfennige) beizufügen.

Die neuen englischen Universitäten.

Von Francis E. Sandbach, M. A. (Cambridge), Dr. phil. (Straßburg), Professor der deutschen Sprache und Literatur an der Universität Birmingham.

Die rasche, sich seit etwa dem Anfang dieses Jahrhunderts immer noch energisch fortsetzende Entwicklung der zahlreichen neuen englischen Universitäten gehört zu den bedeutsamen Erscheinungen der Zeit: ihr Einfluß macht sich schon in allen Teilen des Landes auf vielen Gebieten recht fühlbar; ihr Ansehen ist infolge ihres fortschrittlichen Geistes, ihrer Erweiterungen des akademischen Gesichtskreises und ihrer Forschungsleistungen in stetem Wachstum begriffen; und sie werden auch schon von vielen ausländischen, mitunter auch deutschen, Studenten besucht.

Der deutsche Leser, der sich über die englischen Universitäten unterrichten will, die englischen Veröffentlichungen darüber aber nicht zur Verfügung hat, findet bei Wendt, bei Breul, (auch in dessen „Students' Life and Work in the University of Cambridge", 1928), und in Aufsätzen von ihm und anderen in der Monatsschrift *Hochschule und Ausland,* sowie bei Dibelius, recht viel über die zwei alten Universitäten, ziemlich viel über die große, komplizierte Londoner Universität, sehr wenig dagegen über die neueren Universitäten – außer bei Dibelius, der die Entstehung, die Verfassung und den akademischen Charakter derselben kurz, aber im allgemeinen zutreffend, darstellt*). Es könnten daher manchen deutschen Studenten einige Bemerkungen zur weiteren Beleuchtung dieses Themas willkommen sein.

In erster Linie ist zu betonen, daß die Entwicklung der neuen Universitäten noch keineswegs ihren Endpunkt erreicht hat. Die schon bestehenden bauen sich immer noch energisch weiter aus – es ginge noch schneller, wenn nur die Geldmittel dazu vorhanden wären – und noch neuere sind im Werden begriffen. An denen, die schon vollen Universitätsrang erlangt haben (Birmingham, Bristol, Durham-Newcastle, Leeds, Liverpool, Manchester, Reading, Wales), werden überall neue „Honours Schools", Abteilungen, Lehrstühle, Fakultäten (wie ganz neuerdings in Birmingham eine Fakultät der Jurisprudenz) gegründet, neue Studenten- und Studentinnenhäuser – mehr oder weniger nach Art der „Colleges" in Oxford und Cambridge, oder der Bergmann-Stiftung in Kiel – gebaut oder durch

*) In dem eben (1929) bei Velhagen & Klasing erschienenen Buch von Prof. Dr. K. Brunner in Innsbruck *„Großbritannien, Land, Volk, Staat"*, S. 187 bis 194, findet sich jetzt auch eine lesenswerte Beschreibung der Entstehung und des Charakters der neuen englischen Hochschulen.

den Umbau von größeren Privathäusern hergestellt. Zu gleicher Zeit streben die immer noch nicht ganz unabhängigen „University Colleges" fast alle nach völliger Selbständigkeit; denn bis jetzt werden deren Studenten von Londoner Examinatoren nach den Satzungen der Londoner Universität geprüft, und folglich ihre Lehrpläne und Lehrtätigkeit zum großen Teil durch auswärtige Forderungen geregelt. Voraussichtlich werden innerhalb der nächsten Jahre zuerst Nottingham, dann auch Southampton und Exeter-Plymouth, vollen Universitätsrang erhalten, während anderseits eine Auflösung der föderativen Universität Wales in vier unabhängige Universitäten (Aberystwyth, Bangor, Cardiff, Swansea) nicht unwahrscheinlich ist. In Hull ist eben erst (1928) ein neues „University College" gestiftet, welches wohl auch in der Fülle der Zeit sich zur Universität entwickeln wird.

Auch qualitativ machen die neuen Universitäten entschiedene Fortschritte. Obgleich die geistige Oberschicht der Schuljugend, durch Stipendien mancher Art (vom Staat, von den Grafschaften und Städten, von den „Colleges" und den Schulen selbst) unterstützt, immer noch meist – doch keineswegs ausschließlich – in Oxford und Cambridge studiert, hat die starke Vermehrung der höheren Schulen in neuerer Zeit, sowie auch die Einführung des „Higher School Certificate" für ältere, durchschnittlich 18 jährige Schüler und Schülerinnen, recht erfreulich auf die neuen Universitäten zurückgewirkt. Die Prüfung für das „Higher School Certificate" ließe sich nicht allzu ungünstig mit dem deutschen Abiturientenexamen vergleichen. Da nun schon jetzt fast alle neu eintretenden Studierenden dieses Examen bereits hinter sich haben und auf der Universität zu den verschiedenen „Honours Schools" sofort zugelassen werden, hat sich das Niveau der akademischen Studien erheblich erhöht. In der Regel widmet der Student*) drei Jahre lang seinem Hauptfach, in welchem er sich schon auf der Schule ausgezeichnet hat, mehr als die Hälfte seiner Zeit und erwirbt sich dabei zugleich recht umfassende Kenntnisse des ganzen Fachs und gründlichere Kenntnisse von bestimmten Zweigen desselben. Das ist allerdings in erster Linie ein Brotstudium, denn diese jungen Leute müssen meistens so bald wie möglich als Lehrer, Techniker usw. ihren Lebensunterhalt verdienen. Doch darf nicht übersehen werden, daß nicht wenige ihre Studien auch später fortsetzen, und daß die Zahl der „Post-Graduate Students" stets zunimmt. Diese wollen den Anregungen zum Forschen folgen, die sie im Laufe ihrer Studien erhalten haben (denn in den „Honours Schools" werden auch schon kleinere Forschungsarbeiten unternommen); sie erlangen gewöhnlich nach einem oder mehreren Jahren weiterer Arbeit, auf Grund einer Dissertation, den Magistergrad oder den „niederen" Doktorgrad (Ph. D.).

Es sei hier vor zwei irrigen Ansichten gewarnt, welche aus an sich nicht unrichtigen Bemerkungen in den oben erwähnten Werken

*) Unter „Student" verstehe man von hier an auch Studentin, sowie auch später unter „Lehrer" zugleich „Lehrerin"! An den neuen Universitäten sind die beiden Geschlechter vollkommen gleichberechtigt und verkehren kameradschaftlich miteinander.

leicht entstehen könnten. Einerseits wird der große Unterschied zwischen den alten und den neuen Universitäten betont; andererseits wird von einer gewissen Ähnlichkeit zwischen diesen neuen und den deutschen Universitäten gesprochen. In der Tat verkleinert sich jener große Unterschied ziemlich rasch infolge eines unverkennbaren Annäherungsprozesses auf beiden Seiten. Ganz verschwinden wird er vermutlich nie; dazu ist wohl die Kraft der Tradition zu stark; aber schließlich – und zwar vielleicht in nicht allzu ferner Zeit – werden nur noch vereinzelte Reste dieses Unterschieds übrig bleiben. An den alten Universitäten wohnt zur Zeit mehr als die Hälfte der Studenten außerhalb der „Colleges"; an der allerneuesten, Reading, wohnt schon die große Mehrzahl in größeren collegeähnlichen Gebäuden, und an allen ist der weitere Bau oder die sonstige Beschaffung solcher Studentenhäuser ein Hauptpunkt der Entwicklungspolitik; denn diese neuen Universitäten verlieren allmählich ihren ausgesprochen lokalen Charakter und empfangen Studierende aus allen Ecken des Landes und allen Teilen der Welt. An den alten Universitäten, besonders in Cambridge, hat das ursprünglich für die neuen charakteristische Studium der technischen Wissenschaften schon festen Fuß gefaßt; an den neuen hat in letzter Zeit gerade die Pflege der für die alten charakteristischen Geisteswissenschaften die größten Fortschritte gemacht. Die alten Universitäten erhalten jetzt, gleich den neuen, Unterstützung vom Staat und haben neuerdings organisatorische Reformen durchgeführt, welche ihr Verwaltungssystem dem der neuen Universitäten bedeutend nähern; diese dagegen bestreben sich, die besten Züge des Oxforder und Cambridger Erziehungssystems zu übernehmen oder ihren eigenen Verhältnissen anzupassen. Auch die Studenten der neuen Universitäten tun alles Mögliche, um ein ebenso frisches, volles und geselliges Leben genießen zu können, wie die Oxforder und Cambridger; der Sport wird eifrig betrieben, Vereine der verschiedensten Art blühen – gelegentlich *ver*blühen sie auch! – gemütliche Klubräume werden eingerichtet, oder größere Klubhäuser für die ganze Studentenschaft gebaut.

Was nun eine verhältnismäßig größere Ähnlichkeit zwischen den neuen britischen und den deutschen Universitäten betrifft, ist zu bemerken, daß dieselbe sich lediglich auf drei Punkte beschränkt: die meisten Studierenden wohnen immer noch zu Hause oder in möblierten Zimmern; alle Hörsäle, Laboratorien, Bibliotheken (einschließlich der Fachbibliotheken), Verwaltungsräume usw. befinden sich prinzipiell unter einem Dache – obgleich das noch nicht überall erreicht ist; und es werden alle akademischen Angelegenheiten durch die Fakultätsbehörden und den aus allen Professoren bestehenden Senat geregelt. Sonst ist fast alles anders als in Deutschland. Die akademische Zeiteinheit ist die „Session", d. h. das akademische Jahr, welches in drei „Terms" eingeteilt ist: Anfang Oktober bis Mitte Dezember, Anfang Januar bis Mitte März, Ende April bis Anfang Juli – doch werden von Ende Mai an statt Vorlesungen fast nur Prüfungen gehalten. Um seinen ersten Grad, den Baccalaureusgrad, zu erwerben, muß der Studierende wenigstens drei Jahre lang auf derselben Universität studieren, jedes Jahr bestimmten Vorlesungskursen, Diskussionen und Übungen mit befriedigender Regelmäßigkeit beiwohnen, eine vorgeschriebene Lektüre durcharbeiten, planmäßig festgesetzte naturwissenschaftliche Experimente oder von den Lehrern vorgeschriebene geisteswissenschaftliche Untersuchungen durchführen und schriftliche Arbeiten einreichen. Jedes Jahr muß er auch seine schriftlichen (mitunter auch mündlichen oder praktischen) Prüfungen bestehen, um zu den höheren Kursen des folgenden Jahres zugelassen zu werden; und dazu wird er noch ein- oder zweimal, im Dezember und im März, etwas weniger gründlich geprüft, um seine Fortschritte zu kontrollieren und ihn auf die jährliche Prüfung einzuüben. Ein solches System hat offenbar sowohl seine Vorteile wie auch seine Nachteile. Angesichts des englischen Charakters und des Alters dieser Studierenden aber überwiegen wohl für die Studenten selbst die Vorteile. Jedenfalls wäre dem englischen Studenten die fast unbeschränkte Lernfreiheit des Deutschen oft kein Segen; die persönliche Leitung und Überwachung seiner Studien durch seine akademischen Lehrer beugt mancherlei Zeitverschwendung und Verirrungen vor; und es bilden sich oft recht wertvolle persönliche Beziehungen zwischen Lehrern und Studierenden aus. Es wäre auch falsch, zu glauben, der englische Student besäße gar keine Lernfreiheit. Seine Fächer wählt er selbstverständlich innerhalb gewisser Grenzen ganz frei, und bei den einzelnen Fächern steht ihm auch häufig die Wahl zwischen verschiedenen Spezialkursen frei; er darf unentgeltlich andere Vorlesungen besuchen als nur die ihm vorgeschriebenen; ihm wird auch in der Regel freie Zeit genug übrig gelassen, um nach Belieben für sich weiter zu studieren, sich für andere Dinge zu interessieren, sich als Mensch auszubilden. Doch erst nach Erlangung des Baccalaureusgrades genießt er eine Lernfreiheit gleich der des deutschen Studenten. Dann erst darf er wandern, um an anderen Universitäten des In- oder Auslands neue Anregungen zu suchen, seine besonderen Interessen weiter zu verfolgen und sich durch Forschungsarbeit einen höheren Grad zu erwerben.

Es läßt sich denken, daß der Student nicht selten unter dem im Ganzen heilsamen auf ihn ausgeübten Zwang seufzt; am schwersten aber leidet unter ihm der Lehrkörper selbst. Während des Universitätsjahres ist es den meisten Lehrern und Lehrerinnen, besonders denen, die sich mit den Geisteswissenschaften beschäftigen, fast unmöglich, ihren Forschungen die nötige Zeit und Kraft zu widmen, um mit ihnen befriedigend vorwärts zu kommen. Ihre Vorlesungskurse und sonstigen Lehrtätigkeiten sind notwendig zum großen Teil auf die durch feste Vorschriften bedingten Bedürfnisse der Studierenden zugeschnitten; ihre eigenen Forschungsergebnisse können sie dabei selten verwerten; sie erhalten vielleicht wöchentlich eine Menge schriftliche Arbeiten (Aufsätze, Übersetzungen und dgl.), welche durchzusehen, oder gar durchzukorrigieren, und hinterher mit den Studenten zu besprechen sind; und dreimal im Jahr, am Schluß des Trimesters, gibt es Stöße von Prüfungsheften, die ebenfalls durchgearbeitet werden müssen. Dazu kommen noch viele andere mit dem Lehramt verknüpfte oder freiwillig übernommene Pflichten, welche in der Hauptsache den Professoren zufallen. Monatlich stattfindende, stundenlang dauernde Sitzungen des Senats und der Fakultätsbehörden, und das Mitarbeiten bei Sonder-Ausschüssen für kleine Fachgruppen, für die Bibliotheksverwaltung, für die Förderung der Forschung und dergl. mehr, nehmen recht viel kostbare Zeit in Anspruch. Freiwillig, doch als Pflicht der Universität gegenüber, vertreten Mitglieder des Lehrkörpers den Senat u. a. bei Fachvereinen, bei den Schulprüfungsbehörden, bei den grafschaftlichen und städtischen Erziehungsausschüssen, bei den wichtigeren Schulverwaltungen in ihrer Umgebung; sie halten auch in dieser Umgebung, oder gelegentlich an entfernteren Orten, einzelne Vorträge und kurze Vorlesungskurse; und sie nehmen an auswärtigen Prüfungen teil – vor allem an den Prüfungen anderer Universitäten und, während der Universitätsferien, an den großen Schulprüfungen, wobei sie die Schule selbst besuchen oder Hunderte, sogar Tausende von Prüfungsheften durcharbeiten. Trotz alledem wird von den akademischen Lehrern die Forschungstätigkeit durchaus erwartet, ja geradezu verlangt; und fast allen gelingt es auch, kleinere oder größere Forschungsresultate zu erzielen – am leichtesten und ergiebigsten natürlich den Technikern und Naturwissenschaftlern, die sowieso den größten Teil ihrer Zeit in den Laboratorien arbeiten – und einigen der Geisteswissenschaftler, die aus diesem oder jenem Grunde weniger als die meisten durch vielerlei andere Pflichten gehemmt sind.

Der Lehrkörper besteht in der Hauptsache aus Professoren, „Lecturers" und „Assistant Lecturers". Dazu kommt noch eine kleinere Anzahl „Assistant Professors", „Readers" oder „Senior Lecturers", die sich besonders verdient gemacht haben, „Demonstrators", die lediglich in den Laboratorien bei den Experimenten der Studenten helfen, „Colloquial Assistants", die den deutschen Lektoren entsprechen, „Student Teachers" (ältere schon graduierte Studenten mit leichten Lehrpflichten in einigen der naturwissenschaftlichen Abteilungen) und „Tutors", die besonders angestellt werden, um den Studierenden auf fast jede Weise mit Rat und nötigenfalls mit Tat beizustehen. An der Spitze jeder Abteilung steht der Professor – oder bei wenigen kleinen oder noch ganz jungen Abteilungen ein „Independent Lecturer" – der für das Studium seines Faches die volle Verantwortlichkeit trägt. Er (oder sie – denn weibliche Professoren gibt es auch schon hier und dort) ist innerhalb seiner Abteilung der aufgeklärte Despot, und zugleich natürlich der erste Diener seines kleines Staates. Er bestimmt, was seine Studenten im Laufe des Jahres durcharbeiten sollen, welche Vorlesungen, Übungen und dergl. zu halten sind, verteilt die Lehrarbeit unter sich und die anderen Mitglieder seines engeren Lehrkörpers, entscheidet über die Zulassung der Studierenden zu den verschiedenen Kursen, ist für alle Prüfungen verantwortlich, vertritt seine Abteilung bei der Fakultätsbehörde und dem Senat und erfüllt noch manche andere Verwaltungspflicht. Die große Mehrzahl des ganzen Lehrkörpers bilden aber die „Lecturers", bewährte Lehrer und Forscher in jedem Lebensalter, denen es noch nicht geglückt ist, einen Lehrstuhl zu erhalten. Diese „Lecturers", besonders die erfahreneren und ausgezeichneteren, und die „Senior Lecturers", „Readers" usw.

entsprechen etwa den deutschen „Außerordentlichen Professoren" und sind mit den „Lektoren" nicht zu verwechseln. Die „Assistant Lecturers" dagegen sind in der Regel jüngere Lehrer, die zunächst auf drei Jahre angestellt und darauf gewöhnlich zu „Lecturers" befördert (oder in seltenen Fällen als zur akademischen Laufbahn ungeeignet entlassen) werden. Privatdozenten gibt es an den neuen englischen Universitäten gar nicht. Von den verhältnismäßig wenigen Fällen abgesehen, in denen etwa ein hervorragender Arzt oder ein Mitglied irgend eines andern höheren Berufes der Universität nur einen Teil seiner Zeit widmet, bezieht jeder akademische Lehrer ein festes, zu einer bescheidenen Lebensweise ausreichendes Gehalt: der junge „Assistant Lecturer" erhält jährlich in der Regel £ 300, der „Lecturer" £ 400 bis £ 650, der Professor £ 800 bis £ 1100, und dabei wird auch für des Lehrers Lebens- und Altersversicherung gesorgt. Wer mit seinem Gehalt nicht auskommen kann (so z. B. manchmal der verheiratete „Lecturer" mit einigen Kindern), findet fast immer Gelegenheit, durch auswärtige Prüfungen und Vorlesungen, durch Veröffentlichungen oder auf andere Weise sein Einkommen zu ergänzen.

Aus dieser kurzgefaßten und keineswegs vollständigen Besprechung der neuen englischen Universitäten geht wohl hervor: einerseits, daß die Verhältnisse an ihnen sich in mancher Hinsicht mit denen an den deutschen Hochschulen ungünstig vergleichen: andererseits aber, daß eine erfreuliche und vielversprechende Entwicklung nach gesunden, dem Nationalcharakter entsprechenden Grundsätzen im Gange ist. Es soll dafür gesorgt werden, daß der Student sich nicht nur wissenschaftlich, sondern auch physisch und gesellig ausbildet; seine Freiheit soll er nicht mit einem Schlage, sondern stufenweise erhalten; in der Wissenschaft soll zunächst eine feste und genügend breite Grundlage gesichert werden, wobei die praktische Anwendung des Wissens nicht übersehen wird. Bei den neueren Sprachen z. B. wird auf die praktische Beherrschung der betreffenden Sprache, auf längeren Aufenthalt im betreffenden Lande, auf Kenntnisse der Kultur und Einsicht in den Charakter des betreffenden Volkes ebensoviel Gewicht gelegt wie auf literarische und sprachgeschichtliche Kenntnisse; bei anderen Wissenschaften werden aktuelle Erscheinungen und Probleme beleuchtet. Erst nach Sicherung der erwünschten Grundlage – wofür der Baccalaureusgrad in der Regel bürgt – soll der Student, und zwar nur der wirklich dazu geeignete, zur Forschung hinübergeleitet werden; dabei soll er zunächst unter der Leitung seiner Lehrer die Forschungsmethoden kennen und ausüben lernen (gewöhnlich reicht er als Resultat und Probe eine Magisterdissertation ein), und erst dann zu selbständiger Forschung weiterschreiten.

Was den Lehrkörper betrifft, sollen die besten Kräfte aus allen Kreisen herangezogen, und die ungeeigneten früh ausgeschieden werden. Freie Plätze und Zuschüsse anderer Art in den höheren Schulen, Stipendien und andere Beihilfen (auch zum weiteren Studieren, zum Reisen, zur Forschung), „Fellowships" und hinreichende, sich allmählich steigernde Gehälter von Anfang an auf den Universitäten ermöglichen es schon den Minderbemittelten, und selbst den

Unbemittelten, die dazu geneigt und begabt sind, an die akademische Laufbahn zu denken. Die Nachteile dieser Laufbahn, vor allem die oben angedeutete Zersplitterung der Kräfte durch zu schwere und verschiedenartige Lehr-, Prüfungs- und Verwaltungspflichten, sollen allmählich abgeschafft werden – teils durch Vermehrung des Lehrkörpers, teils durch andere Reformen.

Daß noch vieles zu tun ist, um das hochgesteckte Ziel zu erreichen, dessen sind wir akademischen Lehrer uns wohl bewußt; und es schweben uns auch schon andere Ziele mehr oder weniger bestimmt vor. An jeder einzelnen Universität werden fortwährend Besserungen geplant und unternommen, und der seit 1919 bestehende Verein Akademischer Lehrer (*Association of University Teachers*) beschäftigt sich energisch mit vielen Problemen der Gegenwart und der Zukunft. Die ausdrücklichen Zwecke dieses Vereins sind „*the advancement of University Education and Research, the promotion of common action among University Teachers, and the safeguarding of the interests of its members*". In den ersten Jahren kämpfte er mit gutem Erfolg in erster Linie für die gründliche Aufbesserung der damals sehr gedrückten finanziellen Lage des akademischen Lehrerstandes, vor allem der „Lecturers", „Assistant Lecturers" und „Demonstrators". Seitdem arbeitet er in der Hauptsache für die Hebung des Niveaus der Universitätsstudien, für die Beseitigung der Hindernissse auf dem Wege des Forschers, für die Lösung von Verwaltungs- und Organisationsproblemen, und veröffentlicht Berichte darüber in seiner halbjährlich erscheinenden Zeitschrift: „*The Universities' Review*". Er hat zwischen den meisten Universitäts- und vielen andern Bibliotheken einen regen Leihverkehr ins Leben gerufen, welcher schon ein internationales Gepräge gewinnt, und eine sich vorläufig in der Universität Birmingham befindliche Auskunftsstelle („*Enquiry Office*") eingerichtet. Er hat auch freundschaftliche Beziehungen mit der Studentenschaft, mit dem Schullehrerstand, mit anderen Lehrergruppen des In- und Auslandes, sogar neuerdings mit einem industriellen und kaufmännischen Erziehungsausschuß angeknüpft. Daß die Lehrer der neuen Universitäten aus eignem Antrieb und nur aus Liebe zur Sache mitwirken – denn, von einiger Schreiberarbeit abgesehen, wird die ganze Arbeit ihres Vereins unentgeltlich geleistet – zeugt für ihren Gemeinsinn, eine der kostbarsten Früchte des englischen Erziehungssystems, und läßt für die Zukunft unseres Universitätswesens das Beste hoffen.

FSC
www.fsc.org
MIX
Papier | Fördert
gute Waldnutzung
FSC® C083411

Kolibri 360 GmbH
Ferdinand-Jühlke-Straße 7
99095 Erfurt, Deutschland
produktsicherheit@kolibri360.de